Ideen zu einer Physiognomik der Gewächse

Alexander von Humboldt

Alpha Editions

This edition published in 2022

ISBN : 9789356711549

Design and Setting By
Alpha Editions
www.alphaedis.com
Email - info@alphaedis.com

Ideen zu einer Physiognomik der Gewächse

By Humboldt, Alexander von

Ideen zu einer Physiognomik der Gewächse

By Humboldt, Alexander von

Wenn der Mensch mit regsamem Sinne die Natur durchforscht, oder in seiner Phantasie die weiten Räume der organischen Schöpfung misst, so wirkt unter den vielfachen Eindrücken, die er empfängt, keiner so tief und mächtig als der, welchen die allverbreitete Fülle des Lebens erzeugt. Ueberall, selbst am beeisten Pol, ertönt die Luft von dem Gesange der Vögel, wie von dem Sumsen schwirrender Insecten. Nicht die unteren Schichten allein, in welchen die verdichteten Dünste schweben, auch die oberen ätherischreinen, sind belebt. Denn so oft man den Rücken der Peruanischen Cordilleren, oder, südlich vom Leman-See, den Gipfel des Weissen-Berges bestieg, hat man selbst in diesen Einöden noch Thiere entdeckt. Am Chimborazo, sechsmal höher als der Brocken, sahen wir Schmetterlinge und andere geflügelte Insecten. Wenn auch, von senkrechten Luftströmen getrieben, sie sich dahin, als Fremdlinge, verirrten, wohin unruhige Forschbegier des Menschen sorgsame Schritte leitet; so beweiset ihr Daseyn doch, dass die biegsamere animalische Schöpfung ausdauert, wo die vegetabilische längst ihre Grenze erreicht hat. Höher, als der Kegelberg von Teneriffa auf den Aetna gethürmt; höher, als alle Gipfel der Andeskette, schwebte oft über uns der Cundur, der Riese unter den Geiern. Raubsucht und Nachstellung der zartwolligen Vikunnas, welche gemsenartig und heerdenweise in den beschneiten Grasebenen schwärmen, locken den mächtigen Vogel in diese Region.

Zeigt nun schon das unbewafnete Auge den ganzen Luftkreis belebt, so enthüllt noch grössere Wunder das bewafnete Auge. Räderthiere, Brachionen, und eine Schaar mikroskopischer Geschöpfe heben die Winde aus den troknenden Gewässern empor. Unbeweglich und in Scheintod versenkt, schweben sie vielleicht jahrelang in den Lüften, bis der Thau sie zur Erde zurükführt, die Hülle löst, die ihren durchsichtigen wirbelnden Körper einschliesst, und (wahrscheinlich durch den Lebensstoff, den alles Wasser enthält) den Organen neue Erregbarkeit einhaucht.

Neben den entwickelten Geschöpfen trägt der Luftkreis auch zahllose Keime künftiger Bildungen, Insecten-Eier und Eier der Pflanzen, die durch Haar- und Feder-Kronen zur langen Herbstreise geschikt sind. Selbst den belebenden Staub, den, bei getrennten Geschlechtern, die männlichen Blüthen ausstreuen, tragen Winde und geflügelte Insecten über Meer und Land den einsamen weiblichen zu. Wohin der Blick des Naturforschers dringt, ist Leben, oder Keim zum Leben, verbreitet.

Dient aber auch das bewegliche Luftmeer, in das wir getaucht sind, und über dessen Oberfläche wir uns nicht zu erheben vermögen, vielen organischen Geschöpfen zur nothwendigsten Nahrung; so bedürfen dieselben dabei doch noch einer gröberen Speise, welche nur der Boden dieses gasförmigen Oceans darbietet. Dieser Boden ist zwiefacher Art. Den kleineren Theil bildet die trockene Erde, unmittelbar von Luft umflossen; den gröxseren Theil bildet das Wasser, vielleicht einst vor Jahrtausenden durch elektrisches Feuer aus luftförmigen Stoffen zusammengeronnen, und jezt unaufhörlich in der Werkstatt der Wolken, wie in den pulsirenden Gefässen der Thiere und Pflanzen, zersezt.

Unentschieden ist es, wo grössere Lebensfülle verbreitet sey; ob auf dem Continent, oder in dem unergründeten Meere. In diesem erscheinen gallertartige Seegewürme, bald lebendig, bald abgestorben, als leuchtende Sterne. Ihr Phosphorlicht wandelt die grünliche Flache des unermesslichen Ozeans in ein Feuermeer um. Unauslöschlich wird mir der Eindruck jener stillen Tropen-Nachte der Südsee bleiben, wo aus der duftigen Himmelsbläue das hohe Sternbild des Schiffes und das gesenkt untergehende Kreuz ihr mildes planetarisches Licht ausgossen, und wo zugleich in der schäumenden Meeresfluth die Delphine ihre leuchtenden Furchen zogen.

Aber nicht der Ozean allein, auch die Sumpfwasser verbergen zahllose Gewürme von wunderbarer Gestalt. Unserem Auge fast unerkennbar sind die Cyclidien, die gefranzten Trichoden und das Heer der Naiden, theilbar durch Aeste, wie die Lemna, deren Schatten sie suchen. Von mannichfaltigen Luftgemengen umgeben, und mit dem Lichte unbekannt, athmen: die geflekte Askaris, welche die Haut des Regenwurms, die silberglänzende Leukophra, welche das Innere der Ufer·Naide, und der Echynorynchus, welcher die weitzellige Lunge der tropischen Klapperschlange bewohnt. So sind auch die verborgensten Bäume der Schöpfung mit Leben erfüllt. Wir wollen hier bescheiden bei den Geschlechtern der Pflanzen verweilen; denn auf ihrem Daseyn beruht das Daseyn der thierischen Schöpfung. Unablässig sind sie bemüht, den rohen Stoff der Erde organisch an einander zu reihen, und vorbereitend, durch lebendige Kraft, zu mischen, was nach tausend Umwandlungen zur regsamen Nervenfaser veredelt wird. Derselbe Blick, den wir auf die Verbreitung der Pflanzendecke heften, enthüllt uns die Fülle des thierischen Lebens, das von jener genährt und erhalten wird.

Ungleich ist der Teppich gewebt, den die blüthenreiche Flora über den nakten Erdkörper ausbreitet; dichter, wo die Sonne höher an dem nie bewölkten Himmel emporsteigt; lockerer gegen die trägen Pole hin, wo der wiederkehrende Frost bald die entwickelte Knospe tödtet, bald die reifende Frucht erhascht. Doch überall darf der Mensch sich der nährenden Pflanzen erfreuen. Trennt im Meeresboden ein Vulkan die kochende Fluth, und schiebt plözlich (wie einst zwischen den griechischen Inseln) einen schlackigen Fels empor; oder erheben (um an eine friedlichere Naturerscheinung zu erinnern) die einträchtigen Nereiden ihre zelligen Wohnungen, bis sie nach Jahrtausenden über den Wasserspiegel hervorragend, absterben, und ein flaches Corallen-Eiland bilden: so sind die organischen Kräfte sogleich bereit, den todten Fels zu beleben. Was den Saamen so plözlich herbeiführt: ob wandernde Vögel, oder Winde, oder die Wogen des Meeres; ist bei der grossen Entfernung der Küsten schwer zu entscheiden. Aber auf dem nakten Steine, sobald ihn zuerst die Luft berührt, bildet sich in den nordischen Ländern ein Gewebe sammtartiger Fasern, die dem unbewafneten Auge als farbige Flecken erscheinen. Einige sind durch hervorragende Linien bald einfach bald doppelt begränzt; andere sind in Furchen durchschnitten und in Fächer getheilt. Mit zunehmendem Alter verdunkelt sich ihre lichte Farbe. Das fernleuchtende Gelb wird braun, und das bläuliche Grau der Leprarien verwandelt sich nach und nach in ein staubartiges Schwarz. Die Gränzen der alternden Decke fliessen in einander, und auf dem dunkeln Grunde bilden sich neue zirkelrunde Flechten von blendender Weisse. So lagert sich schichtenweise ein organisches Gewebe auf das andere; und wie das sich ansiedelnde Menschengeschlecht bestimmte Stufen der sittlichen Kultur durchlaufen muss, so ist die allmählige Verbreitung der Pflanzen an bestimmte physische Geseze gebunden. Wo jezt hohe Waldbäume ihre Gipfel luftig erheben, da überzogen einst zarte Flechten das erdenlose Gestein. Laubmoose, Gräser, krautartige Gewächse und Sträucher, füllen die Kluft der langen aber ungemessenen Zwischenzeit aus. Was im Norden Flechten und Moose, das bewirken in den Tropen *Portulacca*, *Gomphrenen* und andere niedrige Uferpflanzen. Die Geschichte der Pflanzendecke, und ihre allmählige Ausbreitung über die öde Erdrinde, hat ihre Epochen, wie die Geschichte des spätern Menschengeschlechts.

Ist aber auch Fülle des Lebens überall verbreitet; ist der Organismus auch unablässig bemüht, die durch den Tod entfesselten Elemente zu neuen Gestalten zu verbinden: so ist diese Lebensfülle und ihre Erneuerung doch nach Verschiedenheit der Himmelsstriche verschieden. Periodisch erstarrt die Natur in der kalten Zone; denn Flüssigkeit ist Bedingniss zum Leben. Thiere und Pflanzen (Laubmoose und andre Cryptogamen abgerechnet) liegen hier viele Monate hindurch im Winterschlaf vergraben. In einem grossen Theile der Erde haben daher nur solche organische Wesen sich entwickeln können, welche einer beträchtlichen Entziehung von Wärmestoff widerstehen, oder einer langen Unterbrechung der Lebensfunctionen fähig sind. Je näher dagegen den Tropen, desto mehr nimmt Mannichfaltigkeit der

Bildungen, Anmuth der Form und des Farbengemisches, ewige Jugend und Kraft des organischen Lebens zu.

Diese Zunahme kann leicht von denen bezweifelt werden, welche nie unsern Welttheil verlassen, oder das Studium der allgemeinen Erdkunde vernachlässigt haben. Wenn man aus unsern dicklaubigen Eichenwäldern über die Alpen oder Pyrenäen-Kette nach Welschland oder Spanien hinabsteigt; wenn man gar seinen Blick auf die afrikanischen Küstenländer des Mittelmeeres richtet: so wird man leicht zu dem Fehlschlusse verleitet, als sei Baumlosigkeit der Charakter heisser Klimate. Aber man vergisst, dass das südliche Europa eine andere Gestalt hatte, als pelasgische oder carthagischc Pflanzvölker sich zuerst darinn festsezten; man vergisst, dass frühere Bildung des Menschengeschlechts die Waldungen verdrängt, und dass der umschaffende Geist der Nazionen der Erde allmählig den Schmuck raubt, der uns in dem Norden erfreut, und der (mehr, als alle Geschichte) die Jugend unserer sittlichen Kultur anzeigt. Die grosse Katastrophe, durch welche das Mittelmeer sich gebildet, indem es, ein anschwellendes Binnenwasser, die Schleusen der Dardanellen und die Säulen des Herkules durchbrochen, diese Katastrophe scheint die angränzenden Länder eines grossen Theils ihrer Dammerde beraubt zu haben. Was bei den griechischen Schriftstellern von den Samothracischen Sagen erwähnt wird, deutet die Neuheit dieser zerstörenden Naturveränderung an. Auch ist in allen Ländern, welche das Mittelmeer begränzt, und welche die Kalkformation des Jura charakterisirt, ein grosser Theil der Erdoberfläche nackter Fels, Das Mahlerische italienischer Gegenden beruht vorzüglich auf diesem lieblichen Kontraste zwischen dem unbelebten öden Gestein und der üppigen Vegetation, welche inselförmig darinn aufsprosst. Wo dieses Gestein, minder zerklüftet, die Wasser auf der Oberfläche zusammen hält, wo diese mit Erde bedeckt ist, (wie an den reizenden Ufern des Albaner Sees) da hat selbst Italien seine Eichenwälder, so schattig und grün, als der Bewohner des Norden sie wünscht.

Auch die Wüsten jenseits des Atlas, und die unermesslichen Ebenen oder Steppen von Süd-Amerika, sind als blosse Lokalerscheinungen zu betrachten. Diese findet man, in der

Regenzeit wenigstens, mit Gras und niedrigen, fast krautartigen, Mimosen bedeckt; jene sind Sand-Meere im Innern des alten Continents, grosse pflanzenleere Räume, mit ewiggrünen waldigen Ufern umgeben. Nur einzeln stehende Fächerpalmen erinnern den Wanderer, dass diese Einöden Theile einer belebten Schöpfung sind. Im trügerischen Lichtspiele, das die strahlende Wärme erregt, sieht man bald den Fuss dieser Palmen frei in der Luft schweben, bald ihr umgekehrtes Bild in den wogenartig-zitternden Luftschichten wiederholt. Auch westlich von der peruanischen Andeskette, an den Küsten des stillen Meeres, haben wir Wochen gebraucht, um solche wasserleere Wüsten zu durchstreichen. Der Ursprung derselben, diese Pflanzenlosigkeit grosser Erdstrecken, in Gegenden, wo umher die kraftvolleste Vegetation herrscht, ist ein wenig beachtetes geognostisches Phänomen, welches sich unstreitig in alten Naturrevoluzionen (in Ueberschwemmungen, oder vulkanischen Umwandelungen der Erdrinde) gründet. Hat eine Gegend einmal ihre Pflanzendecke verloren, ist der Sand beweglich und quellenleer, hindert die heisse, senkrecht aufsteigende Luft den Niederschlag der Wolken: so vergehen Jahrtausende, ehe von den grünen Ufern aus organisches Leben in das Innere der Einöde dringt.

Wer demnach die Natur mit Einem Blicke zu umfassen, und von Lokalphänomenen zu abstrahiren weiss, der sieht, wie mit Zunahme der belebenden Wärme, von den Polen zum Aequator hin, sich auch allmählig organische Kraft und Lebensfülle vermehren. Aber bei dieser Vermehrung sind doch jedem Erdstriche besondere Schönheiten vorbehalten: den Tropen Mannichfaltigkeit und Grösse der Pflanzenformen; dem Norden der Anblick der Wiesen, und das periodische Wiedererwachen der Natur beim ersten Wehen der Frühlingslüfte. Jede Zone hat ausser den ihr eigenen Vorzügen auch ihren eigenthümlichen Character. So wie man an einzelnen organischen Wesen eine bestimmte Physiognomie erkennt; wie beschreibende Botanik und Zoologie, im engern Sinne des Worts, fast nichts als Zergliederung der Thier- und Pflanzenformen ist: so giebt es auch eine gewisse Naturphysiognomie, welche jedem Himmelsstriche ausschliesslich zukommt.

Was der Mahler mit den Ausdrücken schweizer Natur, italienischer Himmel, bezeichnet, gründet sich auf das dunkle Gefühl dieses lokalen Naturcharakters. Himmelsbläue, Beleuchtung, Duft, der auf der Ferne ruht, Gestalt der Thiere, Saftfülle der Kräuter, Glanz des Laubes, Umriss der Berge — alle diese Elemente bestimmen den Totaleindruck einer Gegend. Zwar bilden unter allen Zonen dieselben Gebirgsarten Felsgruppen, von einerlei Physiognomie. Die Grünsteinklippen in Süd-Amerika und Mexiko gleichen denen des deutschen Fichtelgebirges, wie unter den Thieren die Form des Alco oder der ursprünglichen Hunderace des neuen Continents, mit der der europäischen Race genau übereinstimmt. Denn die unorganische Rinde der Erde ist gleichsam unabhängig von klimatischen Einflüssen; sey es, dass der Unterschied der Klimate neuer als das Gestein ist; sei es, dass die erhärtende, Wärme-entbindende Erdmasse sich selbst ihre Temperatur gab, statt sie von aussen zu empfangen. Alle Formationen sind daher allen Weltgegenden eigen, und in allen gleichgestaltet. Ueberall bildet der Basalt Zwillings-Berge und abgestumpfte Kegel; überall erscheint der Trapporphyr in grotesken Felsmassen, der Granit in sanftrundlichen Kuppen. Auch ähnliche Pflanzenformen, Tannen und Eichen, bekränzen die Berggehänge in Schweden, wie die des südlichsten Theils von Mexiko. Und bei aller dieser Uebereinstimmung in den Gestalten, bei dieser Gleichheit der einzelnen Umrisse, nimmt die Gruppirung derselben zu einem Ganzen doch den verschiedensten Charakter an.

So wie die Kenntniss der Fossilien sich von der Gebirgslehre unterscheidet; so ist von der individuellen Naturbeschreibung die allgemeine, oder die Physiognomik der Natur, verschieden. Georg Forster in seinen Reisen und in seinen kleinen Schriften; Göthe in den Naturschilderungen, welche so manche seiner unsterblichen Werke enthalten; Herder, Büffon, Bernardin de St. Pierre, und selbst Chateaubriand, haben mit unnachahmlicher Wahrheit den Charakter einzelner Himmelsstriche geschildert. Solche Schilderungen sind aber nicht blos dazu geeignet, dem Gemüthe einen

Genuss der edelsten Art zu verschaffen; nein, die Kenntniss von dem Naturcharakter verschiedener Weltgegenden ist mit der Geschichte des Menschengeschlechtes, und mit der seiner Kultur, aufs innigste verknüpft, Denn wenn auch der Anfang dieser Kultur nicht durch physische Einflüsse allein bestimmt wird; so hängt doch die Richtung derselben, so hängen Volkscharacter, düstere oder heitere Stimmung der Menschheit, grossentheils von klimatischen Verhältnissen ab. Wie mächtig hat der griechische Himmel auf Seine Bewohner gewirkt! Wie sind nicht in dem schönen und glücklichen Erdstriche zwischen dem Oxus, dem Tigris, und dem ägeischen Meere, die sich ansiedelnden Völker zuerst zu sittlicher Anmuth und zarteren Gefühlen erwacht? Und haben nicht, als Europa in neue Barbarei versank, und religiöse Begeisterung plözlich den heiligen Orient öfnete, unsere Vorältern aus jenen milden Thälern von neuem mildere Sitten heimgebracht! Die Dichterwerke der Griechen und die rauheren, Gesänge der nordischen Urvölker verdankten grösstentheils ihren eigenthümlichen Charakter der Gestalt der Pflanzen und Thiere, den Gebirgsthälern, die den Dichter umgaben, und der Luft, die ihn umwehte. Wer fühlt sich nicht, um selbst nur an nahe Gegenstände zu erinnern, anders gestimmt, in dem dunkeln Schatten der Buchen, oder auf Hügeln, die mit einzeln stehenden Tannen bekränzt sind; oder auf der Grasflur, wo der Wind in dem zitternden Laube der Birken säuselt! Melancholische, ernsterhebende, oder fröhliche Bilder rufen diese vaterländische Pflanzengestalten in uns hervor. Der Einfluss der physischen Welt auf die moralische, dies geheimnissvolle Ineinander-Wirken des Sinnlichen und Aussersinnlichen, giebt dem Naturstudium, wenn man es zu höheren Gesichtspunkten erhebt, einen eigenen, noch zu wenig gekannten Reiz.

Wenn aber auch der Charakter verschiedener Weltgegenden von allen äusseren Erscheinungen zugleich abhängt; wenn Umriss der Gebirge, Physiognomie der Pflanzen und Thiere, wenn Himmelsbläue, Wolkengestalt und Durchsichtigkeit des Luftkreises, den Totaleindruk bewirken; so ist doch nicht zu läugnen, dass das Hauptbestimmende dieses Eindrucks die Pflanzendecke ist. Dem thierischen Organismus fehlt es an

Masse, und die Beweglichkeit der Individuen entzieht sie oft unsern Blicken. Die Pflanzenschöpfung dagegen wirkt durch stetige Grösse auf unsere Einbildungskraft. Ihre Masse bezeichnete ihr Alter, und in den Gewächsen allein ist Alter und Ausdruck stets sich erneuernder Kraft mit einander gepaart. Der riesenförmige Drachenbaum, den ich auf den kanarischen Inseln sah, und der 16 Schuh im Durchmesser hat, trägt noch immerdar (gleichsam in ewiger Jugend) Blüthe und Frucht. Als französische Abentheurer, die Bethencourts, im vierzehnten Jahrhundert die glücklichen Inseln eroberten, war der Drachenbaum von Oratava (den Eingeborenen heilig wie der Oelbaum in der Burg zu Athen, oder die nordische Esche, unter der Odin und Asi zusammenkamen) von eben der kolossalen Stärke als jezt. In den Tropen ist ein Wald von Hymeneen und Caesalpinien vielleicht das Denkmal von einem Jahrtausend.

Umfasst man die verschiedenen Pflanzenarten, welche bereits auf dem Erdboden entdeckt sind, und von denen **Willdenow's** grosses Werk allein über 20,000 genau zergliedert, mit Einem Blick; so erkennt man in dieser wundervollen Menge wenige Hauptformen, auf welche sich alle andere zurückführen lassen. Zur Bestimmung dieser Formen, von deren individueller Schönheit, Vertheilung und Gruppirung die Physiognomie der Vegetation eines Landes abhängt, muss man nicht (wie in den botanischen Systemen aus andern Beweggründen geschieht) auf die kleinsten Theile der Blüthen und Früchte, sondern nur auf das Rücksicht nehmen, was durch Masse den Totaleindruck einer Gegend individualisirt. Unter den Hauptformen der Vegetation giebt es allerdings ganze Familien der sogenannten natürlichen Systeme. Bananengewächse und Palmen werden auch in diesen einzeln aufgeführt. Aber der botanische Systematiker trennt eine Menge von Pflanzengruppen, welche der Physiognomiker sich gezwungen sieht, mit einander zu verbinden. Wo die Gewächse sich als Massen darstellen, fliessen Umrisse und Vertheilung der Blätter, Gestalt der Stämme und Zweige, in einander. Der Mahler (und gerade dem feinen Naturgefühle des Künstlers kommt hier der Ausspruch zu!) unterscheidet in dem Mittel- und Hintergrunde einer

Landschaft Tannen- oder Palmengebüsehe von Buchen, nicht aber diese von andern Laubholzwäldern!

Sechszehn Pflanzenformen bestimmen hauptsächlich die Physiognomie der Natur. Ich zähle nur diejenigen auf, welche ich bei meinen Reisen durch beide Welttheile, und bei einer vieljährigen Aufmerksamkeit auf die Vegetation der verschiedenen Himmelsstriche zwischen dem 55sten Grade nördlicher und dem 12ten Grade südlicher Breite, beobachtet habe. Die Zahl dieser Formen wird gewiss ansehnlich vermehrt werden, wenn man einst in das Innere der Continente tiefer eindringt, und neue Pflanzengattungen entdeckt. Im südöstlichen Asien, im Inneren von Afrika und Neuholland, in Süd-Amerika vom Amazonenstrome bis zum Gebirge Chiquitos hin, ist uns die Vegetation noch völlig unbekannt. Wie, wenn man gar ein Land entdeckte, in welchem holzige Schwämme, z. B. Calvarien oder Moose, hohe Bäume bildeten? Nekera dendroïdes, ein deutsches Laubmoos, ist in der That baumartig, und die tropischen Farrenkräuter, oft höher als unsere Linden und Erlen, sind für den Europäer noch jezt ein eben so überraschender Anblick, als dem ersten Entdecker ein Wald hoher Laubmoose seyn würde! Grösse und Entwickelung der Organe hängt von der Begünstigung klimatischer Verhältnisse ab. Die kleine, aber schlanke Form unserer Eidechse dehnt sich im Süden zu dem kolossalen und gepanzerten Körper furchtbarer Crocodyle aus. In den ungeheuern Katzen von Afrika und Amerika, im Tiger, im Löwen und Jaguar, ist die Gestalt eines unserer kleinsten Hausthiere nach einem grösseren Maasstabe wiederholt. Dringen wir gar in das Innere der Erde, durchwühlen wir die Grabstätte der Pflanzen und Thiere, so verkündigen uns die Versteinerungen nicht bloss eine Vertheilung der Formen, die mit den jetzigen Klimaten in Widerspruch steht; nein, sie zeigen uns auch kolossale Gestalten, welche mit den kleinlichen, die uns gegenwärtig umgeben, nicht minder contrastiren, als die einfache Heldennatur der Griechen gegen die Charaktergrösse neuerer Zeit. Hat die Temperatur des Erdkörpers beträchtliche, vielleicht periodisch wiederkehrende Veränderungen erlitten; ist das Verhältniss zwischen Meer und Land, ja selbst die Höhe des Luftozeans und sein Druck nicht immer derselbe gewesen: so muss die Physiognomie der Natur, so müssen Grösse und Gestalt des Organismus, ebenfalls schon manchem Wechsel unterworfen gewesen sein. Unfähig, diese Physiognomie des alternden Planeten nach ihren gegenwärtigen Zügen vollständig zu schildern, wage ich nur diejenigen Charaktere auszuheben, welche jeder Pflanzengruppe vorzüglich zukommen. Bei allem Reichthum und aller Biegsamkeit unserer vaterländischen Sprache, ist es ein schwieriges Unternehmen, mit Worten zu bezeichnen, was eigentlich nur der nachahmenden Kunst des Malers darzustellen geziemt. Auch wünschte ich, das Ermüdende des Eindrucks zu vermeiden, das jede Aufzählung einzelner Formen unausbleiblich erregen muss.

Wir beginnen mit den **Palmen**, der höchsten und edelsten aller Pflanzengestalten. Denn ihr haben stets die Völker (und die früheste Menschenbildung war in der asiatischen Palmenwelt, oder in dem Erdstriche, der zunächst an die Palmenwelt gränzt) den Preis der Schönheit zuerkannt. Hohe, schlanke, geringelte, bisweilen stachliche Schäfte mit anstrebendem, glänzendem, bald gefächertem, bald gefiedertem Laube. Die Blatter sind oft grasartig gekräuselt. Der glatte Stamm erreicht bis 180 Fuss Höhe. Die Palmenform nimmt an Pracht und Grösse ab, vom Aequator gegen die gemässigte Zone hin. Europa hat unter seinen einheimischen Gewächsen nur einen Repräsentanten dieser Form, die zwergartige Küstenpalme, den Chamaerops, der in Spanien und Italien sich nördlich bis zum 44sten Breitengrade erstreckt. Das eigentliche Palmenklima der Erde hat 21°. mittlerer Wärme. Aber die aus Afrika zu uns gebrachte Dattelpalme, welche minder schön als andere Arten dieser Gruppen ist, vegetirt noch im südlichen Europa in Gegenden, deren mittlere Temperatur 14°. also mehr als doppelt grösser, als die von Berlin, ist. Palmenstämme und Elephantengerippe liegen im nördlichen Deutschlande im Inneren der Erde vergraben, und ihre Lage macht es wahrscheinlich, dass sie nicht von den Tropen her gegen Norden geschwemmt wurden; sondern, dass in den grossen Revoluzionen unseres Planeten die Klimate, wie die durch sie bestimmte Physiognomie der Natur, vielfach verändert worden sind.

Zu den Palmen gesellt sich in allen Welttheilen die Pisang oder **Bananenform**, die Scitamineen der Botaniker, *Heliconia*, *Amomum*, *Strelitzia*. Ein niedriger aber saftreicher, fast krautartiger Stamm, an dessen Spitze sich dünn und lokkergewebte, zartgestreifte, seidenartig-glänzende Blätter erheben. Pisanggebüsche sind der Schmuck feuchter Gegenden. Auf ihrer Frucht beruht die Nahrung aller Bewohner des heissen Erdgürtels. Wie die mehlreichen Cerealien oder Getreidearten des Nordens, so begleiten Pisangstämme den Menschen seit der frühesten Kindheit seiner Kultur. Asiatische Mythen setzen die ursprüngliche Heimath dieser nährenden Tropenpflanze an den Euphrat, oder an den Fuss des Himalus in Indien. Griechische Sagen nennen die Gefilde von Enna als das glückliche Vaterland der Cerealien. Wenn diese, durch die Kultur über die nördliche Erde verbreitet, und dort einförmige weitgedehnte Grasfluren bildend, wenig den Anblick der Natur verschönern, so vervielfacht dagegen der sich ansiedelnde Tropenbewohner durch Pisangpflanzungen eine der herrlichsten und edelsten Gestalten.

Malvenform, *Sterculia*, *Hibiscus*, *Lavatera*, *Ochroma*. Kurze aber kolossalisch dikke Stämme mit zartwolligen, grossen, herzförmigen, oft eingeschnittenen Blättern, und prachtvollen oft purpurrothen Blüthen. Zu dieser Pflanzengruppe gehört der Affenbrodbaum, *Adansonia digitata*, der bei 32 Fuss Höhe 30 Fuss Durchmesser hat, und der wahrscheinlich das grösste und älteste organische Denkmahl auf unserm Planeten ist. in Italien fängt die Malvenform bereits an, der Vegetation einen eigenthümlichen südlichen Charakter zu geben.

Dagegen entbehret unsere gemässigte Zone im alten Continent leider ganz die zartgefiederten Blätter, die **Form der Mimosen**, *Gleditsia*, *Porleria*, *Tamarindus*. Den vereinigten Staaten von Nord-Amerika, in denen unter gleicher Breite die Vegetation mannichfaltiger und üppiger als in Europa ist, fehlt diese schöne Form nicht. Bei den Mimosen ist eine schirmartige Verbreitung der Zweige, fast wie bei den italienischen Pinien, gewöhnlich. Die tiefe Himmelsbläue des Tropenklimas durch die zartgefiederten Blätter schimmernd, ist von überaus malerischem Effekte.

Eine meist afrikanische Pflanzengruppe sind die **Heidekräuter**; dahin gehören auch die *Andromeda*, *Passerinen* und *Gnidien*, eine Gruppe, die mit der der Nadelhölzer einige Aehnlichkeit hat, und eben deshalb mit dieser durch die Fülle glokkenförmiger Blüthen, desto reizender contrastirt. Die baumartigen Heidekräuter, wie einige andere afrikanische Gewächse, erreichen das nördliche Ufer des Mittelmeers. Sie schmükken Welschland und die Cistus-Gebüsche des südlichen Spaniens. Am üppigsten wachsend habe ich sie auf den afrikanischen Inseln, am Abhange des **Pics** von **Teyde** gesehen. Bei uns in den baltischen Ländern, und noch nördlicher hin, ist diese Pflanzenform gefürchtet, Dürre und Unfruchtbarkeit verkündigend. Unsere Heidekräuter, *Erica vulgaris* und *tetralix* sind gesellschaftlich lebende Gewächse, gegen deren fortschreitenden Zug die ackerbauenden Völker seit Jahrhunderten mit wenigem Glükke ankämpfen. Sonderbar, dass der Hauptrepräsentant dieser Form blos einer Seite unsers Planeten eigen ist. Von den 137 jezt bekannten Arten von *Erica* findet sich auch nicht eine einzige im neuen Continent von Pensilvanien und Labrador bis gegen Nootka und Alaschka hin.

Dagegen ist bloss dem neuen Continent eigenthümlich die **Cactusform**, bald kugelförmig, bald gegliedert, bald in hohen, vielekkigen Säulen, wie Orgelpfeifen, aufrechtstehend. Diese Gruppe bildet den höchsten Contrast mit der Gestalt der Liliengewächse und der Bananen. Sie gehört zu den Pflanzen, welche Bernardin de St. Pierre sehr glücklich die vegetabilischen Quellen der Wüste nennt. In den wasserleeren Ebenen von Südamerika suchen die von Durst geängsteten Thiere den *Melonen-Cactus*, eine kugelförmige, halb im dürren Sande verborgene Pflanze, deren saftreiches Innere unter furchtbaren Stacheln versteckt ist. Die säulenförmigen Cactus-Stämme erreichen bis 30 Fuss Höhe und candelaberartig getheilt, haben sie eine auffallende Aehnlichkeit der Physiognomie mit einigen afrikanischen Euphorbien.

Wie diese grüne Wasen in den pflanzenleeren Wüsten bilden, so beleben die **Orchideen** den vom Licht verkohlten Stamm der Tropenbäume und die ödesten Felsenritzen. Die Vanillenform zeichnet sich durch hellgrüne saftvolle Blätter und durch vielfarbige Blüthen von wunderbarem Baue aus. Diese Blüthen gleichen bald den geflügelten Insekten, bald den zarten Vögeln, welche der Duft der Honiggefässe anlokket. Das Leben eines Malers wäre nicht hinlänglich, um alle die prachtvollen Orchideen abzubilden, welche die tiefausgefurchten Gebirgsthäler der peruanischen Andeskette zieren.

Blattlos, wie fast alle Cactusarten, ist die **Form der Casuarinen**, einer Pflanzengestalt, bloss der Südsee und Ostindien eigen. Bäume mit schachtelhalmähnlichen Zweigen. Doch finden sich auch in andern Weltgegenden Spuren dieses mehr sonderbaren als schönen Typus. **Plumier's** *Equisetum altissimum*, die Ephedra aus Nord-Afrika, die peruanischen Colletien und das sibirische Calligonum Pallasia, sind der Casuarinenform nahe verwandt.

So wie in den Pisanggewächsen die höchste Ausdehnung, so ist in den Casuarinen und in den **Nadelhölzern** die höchste Zusammenziehung der Blattgefässe. Tannen, Thuja und Cypressen bilden eine nordische Form, die in den Tropen selten ist. Ihr ewig-frisches Grün erheitert die öde Winter-Landschaft. Es verkündigt gleichsam den Polarvölkern, dass, wenn Schnee und Eis den Boden bedekken, das innere Leben der Pflanzen, wie das Prometheische Feuer, nie auf unserm Planeten erlischt.

Parasitisch wie bei uns Moose und Flechten, überziehen in der Tropenwelt ausser den Orchideen auch die **Pothosgewächse** den alternden Stamm der Waldbäume. Saftige, krautartige Stengel mit grossen, bald pfeilförmigen, bald gefingerten, bald länglichen aber stets dik-adrigen Blättern. Blumen in Scheiden. *Pothos*, *Dracontium*, *Arum*, leztere dem Norden fehlend, aber in Spanien und Italien mit saftvollem Huflattig, hohen Distelstauden und *Acanthus*, die Ueppigkeit des südlichen Pflanzenwuchses bezeichnend.

Zu dieser **Arumform** gesellt sich die Form der **Lianen**, beide in heissen Erdstrichen von Süd-Amerika in vorzüglicher Kraft der Vegetation. *Paullinia*, *Banisteria*, *Bignonien.* Unser rankender Hopfen und unsere Weinreben erinnern an diese Pflanzengestalt der Tropenwelt. Am Orinoco haben die blattlosen Zweige der *Bauhinien* oft 40 Fuss Länge. Sie fallen theils senkrecht aus dem Gipfel hoher Swietenien herab; theils sind sie schräg wie Masttaue ausgespannt, und die Tigerkatze hat eine bewundernswürdige Geschiklichkeit, daran auf- und abzuklettern.

Mit den biegsamen sich rankenden Lianen, mit ihrem frischen und leichten Grün, kontrastirt die selbstständige Form der bläulichen **Aloegewächse**; Stämme, wenn sie vorhanden sind, fast ungetheilt, enggeringelt und schlangenartig gewunden. An dem Gipfel sind saftreiche, fleischige, lang·zugespitzte Blätter stralenartig zusammengehäuft. Die hochstämmigen Aloegewächse bilden nicht Gebüsche, wie andere gesellschaftlich lebende Pflanzen. Sie stehen einzeln in dürren Ebenen, und geben der Tropengegend dadurch oft einen eigenen melancholischen (man möchte sagen afrikanischen) Charakter.

Wie die Aloeform sich durch ernste Ruhe und Festigkeit, so charakterisirt sich die **Grasform**, besonders die Physiognomie der baumartigen Gräser, durch den Ausdruck fröhlicher Leichtigkeit und beweglicher Schlankheit. Bambusgebüsche bilden schattige Bogengänge in beiden Indien. Der glatte, oft geneigt-hinschwebende Stamm der Tropen-Gräser übertrift die Höhe unserer Erlen und Eichen. Schon in Italien fängt im *Arundo Donax* diese Form an, sich vom Boden zu erheben, und durch Höhe und Masse den Naturcharakter des Landes zu bestimmen.

Mit der Gestalt der Gräser ist auch die der **Farrenkräuter** in den heissen Erdstrichen veredelt. Baumartige, oft 35 Fuss hohe Farrenkräuter haben ein palmenartiges Ansehen; aber ihr Stamm ist minder schlank, kürzer, schuppig-rauher als der der Palmen. Das Laub ist zarter, lokker gewebt, durchscheinend, und an den Rändern sauber ausgezakt. Diese kolossalen Farrenkräuter sind fast ausschliesslich den Tropen eigen, aber in diesen ziehen sie ein gemässigtes Klima dem ganz heissen vor. Da nun die Milderung der Hitze bloss eine Folge der Höhe ist; so darf man Gebirge, die 2 bis 3000 Fuss über dem Meere erhaben sind, oder die Höhe unsers deutschen Brokkens, als den Hauptsiz dieser Form nennen. Hochstämmige Farrenkräuter begleiten in Süd-Amerika den wohlthätigen Baum, der die heilende Fieberrinde darbietet. Beide bezeichnen die glükliche Region der Erde, in der ewige Milde des Frühlings herrscht.

Noch nenne ich die Form der **Liliengewächse**, (*Amaryllis, Pancratium*) mit schilfartigen Blättern und prachtvollen Blüthen, eine Form, deren Hauptvaterland das südliche Afrika ist; ferner die **Weidenform**, in allen Welttheilen einheimisch; und wo *Salix* fehlt, in den *Banksien* und einigen *Proteen* wiederholt; **Myrthengewächse**, (*Metrosideros, Eucalyptus, Escallonia*) **Melastomen-** und **Lorbeerform**.

Es wäre ein Unternehmen, eines grossen Künstlers werth, den Charakter aller dieser Pflanzengruppen nicht in Treibhäusern oder in den Beschreibungen der Botaniker, sondern in der grossen Tropen-Natur selbst, zu studiren. Wie interessant und lehrreich für den Landschaftsmaler ware ein Werk, welches dem Auge die aufgezählten sechszehn Hauptformen, erst einzeln, und dann in ihrem Contraste gegen einander, darstellte. Was ist malerischer, als baumartige Farrenkräuter, die ihre zartgewebten Blätter über die Mexikanischen Lorbeereichen ausbreiten! Was reizender, als Pisanggebüsche von hohen Bambusgräsern umschattet! Dem Künstler ist es gegeben, die Gruppen zu zergliedern, und unter seiner Hand löst sich (wenn ich den Ausdruk wagen darf) das grosse Zauberbild der Natur, gleich den geschriebenen Werken der Menschen, in wenige einfache Züge auf!

Am glühenden Sonnenstral des tropischen Himmels gedeihen die herrlichsten Gestalten der Pflanzen. Wie im kalten Norden die Baumrinde mit dürren Flechten und Laubmoosen bedekt ist, so beleben dort Cymbidium und duftende Vanille den Stamm der Anacardien und der riesenmässigen Feigenbäume. Das frische Grün der Pothosblätter und der Dracontien kontrastirt mit den vielfarbigen Blüthen der Orchideen.

Rankende Bauhinien, Passifloren und gelbblühende Banisterien umschlingen den Stamm der Waldbäume. Zarte Blumen entfalten sich aus den Wurzeln der *Theobroma*, wie aus der dichten und rauhen Rinde der Crescentien und der *Gustavia*. Bei dieser Fülle von Blüthen und Blättern, bei diesem üppigen Wuchse und der Verwirrung rankender Gewächse, wird es dem Naturforscher oft schwer zu erkennen, welchem Stamme Blüthen und Blätter zugehören. Ein einziger Baum mit Paullinien, Bignonien und Dendrobium geschmükt, bildet eine Gruppe von Pflanzen, welche, von einander getrennt, einen beträchtlichen Erdraum bedekken würden.

In den Tropen sind die Gewächse saftstrotzender, von frischerem Grün, mit grösseren und glänzenderen Blättern geziert, als in den nördlichern Erdstrichen. Gesellschaftlich lebende Pflanzen, welche die europäische Vegetation so einförmig machen, fehlen am Aequator beinah gänzlich. Bäume, fast zweimal so hoch als unsere Eichen, prangen dort mit Blüthen, welche gross und prachtvoll wie unsere Lilien sind. An den schattigen Ufern des Madalenenflusses in Süd-Amerika wächst eine rankende Aristolochia, deren Blume, von vier Fuss Umfang, sich die indischen Knaben in ihren Spielen über den Scheitel ziehen.

Die ausserordentliche Höhe, zu welcher sich unter den Wendekreisen nicht blos einzelne Berge, sondern ganze Länder erheben, und die Kälte, welche Folge dieser Höhe ist, gewähren dem Tropen-Bewohner einen seltsamen Anblik. Ausser den Palmen und Pisanggebüschen umgeben ihn auch die Pflanzenformen, welche nur den nordischen Ländern anzugehören scheinen. Cypressen, Tannen und Eichen, Berberissträucher und Erlen (nahe mit den unsrigen verwandt) bedekken die Gebirgsebenen im südlichen Mexiko, wie die Andeskette unter dem Aequator. So hat die Natur dem Menschen in der heissen Zone verliehen, ohne seine Heimath zu verlassen, alle Pflanzengestalten der Erde zu sehen; wie das Himmelsgewölbe von Pol zu Pol ihm keine seiner leuchtenden Welten verbirgt.

Diesen und so manchen andern Naturgenuss entbehren die nordischen Völker. Viele Gestirne und viele Pflanzenformen, von diesen gerade die schönsten, (Palmen und Pisanggewächse, baumartige Gräser und feingefiederte Mimosen) bleiben ihnen ewig unbekannt. Die krankenden Gewächse, welche unsere Treibhäuser einschliessen, gewähren nur ein schwaches Bild von der Majestät der Tropenvegetation. Aber in der Ausbildung unserer Sprache, in der glühenden Phantasie des Dichters, in der darstellenden Kunst der Maler, ist uns eine reiche Quelle des Ersatzes geöfnet. Aus ihr schöpft unsere Einbildungskraft die lebendigen Bilder einer exotischen Natur. Im kalten Norden, in der öden Heide, kann der einsame Mensch sich aneignen, was in den fernsten Erdstrichen erforscht wird, und so in seinem Innern eine Welt sich schaffen, welche das Werk seines Geistes, frei und unvergänglich, wie dieser, ist.

Printed at Repro India Ltd.